SPROSSEN, MICROGREENS & CO.

SUPERFOODS ZU HAUSE ANBAUEN

INHALT

BASICS

PRAXIS

PORTRÄTS

REZEPTE

SUPERFOODS
VON DER FENSTERBANK

Täglich frische Salate und Gemüse, und das ganz ohne eigenen Garten? Das geht? Und wie! Dieses Buch zeigt Ihnen, wie Sie eine Vielzahl an Sprossen, Keimlingen und Microgreens zu Hause auf der Fensterbank selbst anbauen können.

Die Anzucht von Sprossen in der Wohnung ist wirklich kinderleicht. Sie brauchen dazu keine teuren Speziallampen oder gar ein beheiztes Mini-Gewächshaus mit automatischer Bewässerung, ja nicht einmal die bekannten Keimboxen sind nötig. Alles, was Sie brauchen, sind ein paar kleine Aluminiumschalen, etwas Pflanzsubstrat und eine Fensterbank.

SCHMECKT & HÄLT FIT

Sprossen sind nicht nur lecker, sondern auch ausgesprochen gesund. Lange kannte man nur Soja- und Mungobohnensprossen aus der asiatischen Küche. Doch Sprossen können noch viel mehr und haben mittlerweile sogar in die gehobene Spitzengastronomie Einzug gehalten.

Sprossen, egal ob Keimsprossen oder Grünsprossen, sind eine gesunde Alternative für Gemüse und können auch in der kalten Jahreszeit angezogen werden. Immer frisch und knackig und das in einer unglaublichen Vielfalt! Auf kleinstem Raum können Sie über 40 verschiedene Gemüse- und Kräuterarten und -sorten anziehen. Bei so viel Auswahl ist Abwechslung in der Küche garantiert. Probieren Sie selbst: Sprossen als Salat, zum Verfeinern von Suppen und Soßen, als Wok-Gemüse, auf Sandwiches oder zum Garnieren. Immer frisch, immer knackig, immer gesund.

TIPP

Sprossen sind im Winter die perfekte Feelgood- und Vitaminquelle. Forscher vom USDA Agricultural Research Service haben herausgefunden, dass Grünsprossen von Rotkohl, Koriander, Amarant und Daikon-Rettich die höchsten Konzentrationen von Vitamin C, K und E und Carotinoiden haben, viel höher als die ausgewachsenen Gemüse.

GUTE GRÜNDE: LECKER, EINFACH ANZUZIEHEN & VOLLER VITAMINE

Sprossen selbst anzuziehen macht Spaß und man wird auf vielfältige Weise belohnt.

1 SPROSSEN SIND PRAKTISCH

Einfach in der Anzucht, voller gesunder Inhaltsstoffe, geballt mit Vitaminen und Mineralstoffen und dazu immer frisch verfügbar.

2 SPROSSEN WACHSEN SCHNELL

Viele Keimsprossen können schon nach drei bis fünf Tagen geerntet werden. Und selbst Grünsprossen brauchen selten länger als eineinhalb bis zwei Wochen.

3 SPROSSEN SIND BIO

Bei der eigenen Anzucht wissen Sie genau, was die Sprossen bekommen. Da können Sie sichergehen, dass keine Kunstdünger und Pestizide eingesetzt werden.

4 SPROSSEN SIND GÜNSTIG

Die Anzucht von Sprossen ist unglaublich günstig. Bis auf die erstmaligen Anschaffungskosten für Schalen, Anzuchtgefäße, Erde und die Keimsaat benötigen Sie nur eine helle Fensterbank.

5 GUT FÜR DIE UMWELT

Gemüse aus dem Supermarkt hat lange Transportwege hinter sich, wird oft in Plastik verpackt und muss gekühlt werden. Die Produktion verbraucht somit Energie und verursacht Müll. Sprossen kommen direkt von der Keimschale auf den Teller.

6 WICHTIGE MINERALSTOFFE

Da Sprossen weder lange Transportwege noch eine Lagerzeit hinter sich haben, geht nichts verloren. Sie sind voller Vitamine, Mineralstoffe und hochwertiger Aminosäuren – besonders wertvoll für Veganer.

7 SPROSSEN HELFEN HEILEN

Sprossen enthalten mehr sekundäre, gesundheitsfördernde Inhaltsstoffe als die ausgewachsenen Gemüse. Sie sind daher besonders gesund und bekömmlich.

8 SPROSSEN SIND VIELSEITIG

Ob für Salate, in Suppen, als Wok-Gemüse, auf Sandwiches, als Deko oder für Smoothies: Sprossen sind vielseitig verwendbar. Langeweile kommt da sicher keine auf.

KEIMSPROSSEN:
VIELSEITIGE ALLESKÖNNER

Keimsprossen kennt jeder aus dem Asia-Restaurant. Meist handelt es sich dabei um die langen Keimlinge von Mungo- oder Sojabohnen. Die Sprossen werden im Dunkeln angezogen und haben eine helle, cremeweiße oder hellgrüne Farbe. Gegessen werden eigentlich nur die dicken, knackigen Stiele der Keimlinge. Die Keimwurzel ist kaum entwickelt und die Keimblätter haben sich noch nicht entfaltet.

ANZUCHT
Die Anzucht von Keimsprossen in Sieben und Keimapparaten ist aufwendiger als die von Grünsprossen. Während Grünsprossen nach der Aussaat mehr oder weniger von allein wachsen und nur ab und zu gegossen werden, müssen Keimsprossen mindestens zwei- bis dreimal am Tag mit sauberem Wasser durchgespült werden.

VERWENDUNG
Die Sprossen können roh im Salat, als grüne Beilage in Suppen und Eintöpfen oder gedünstet als Gemüse verwendet werden.

DIE BESTEN ARTEN & SORTEN
Einfach und ertragreich sind die folgenden Arten als Keimsprossen:

- Adzuki-, Mungo- und Sojabohnen
- Alfalfa
- Bockshornklee (geschält)
- Brokkoli
- Getreide (geschält)
- Kicher- und Zuckererbsen
- Linsen
- Radieschen
- Rettich, grüner und roter
- Rote Bete
- Senf
- Sonnenblumen (geschält)

TIPP
Lecker im Müsli sind essbare, gekeimte Samen wie Sonnenblume, Kürbis, Buchweizen, Hafer, Gerste und Weizen – dann aber unbedingt geschälte Samen verwenden bzw. beim Hafer die Sorte Nackthafer, die keine Spelzen hat.

GRÜNSPROSSEN: VITAMINBOMBE VON DER FENSTERBANK

Grünsprossen enthalten noch mehr Vitamine und Mineralstoffe als Keimsprossen, da sie nicht nur auf die Nährstoffvorräte aus dem Samen angewiesen sind, sondern aus der Erde, in der sie wachsen, zusätzlich »Futter« beziehen können. Bei Grünsprossen haben sich die Keimblätter schon entfaltet und sind ausgewachsen. Sie haben eine grüne oder – bei manchen Arten und Sorten – auch rötliche Färbung. Der Geschmack ist intensiver und bei vielen auch deutlich schärfer als der der Keimsprossen.

ANZUCHT

Die Anzucht ist unkompliziert, da die Keimlinge nicht mit Wasser gespült werden müssen. Überraschenderweise schmecken viele Sprossen ganz anders als die Gemüse, zu denen sie später heranwachsen. Manche sind milder, andere schärfer.

VERWENDUNG

Grünsprossen sind perfekt für Salate und als Rohkost. Zum Dünsten, Braten oder Kochen sind die meisten zu zart. Sie zerfallen und werden matschig. Dafür schmecken sie roh auf Sandwiches, als Brotaufstrich oder darin sowie als würzige Verfeinerung von Obstsalaten köstlich. Die Sprossen sollten noch keine »richtigen« Blätter entwickelt haben, nur der Stiel und die Keimblätter schmecken mild und zart, manche haben einen ganz exotischen Beigeschmack, den man sonst gar nicht kennt. Verpasst man diesen Moment, schmecken die Sprossen unangenehm scharf, bitter oder grasig.

DIE BESTEN ARTEN & SORTEN

Am besten sind folgende Arten als Grünsprossen geeignet:

- Brokkoli
- Buchweizen (mit Schale)
- Erbsen und Linsen
- Grünkohl
- Kohlrabi
- Kresse
- Linsen
- Rettich und Radieschen
- Senf und Rucola
- Sonnenblumen (mit Schale)

TIPP

Eine Besonderheit sind Erbsensprossen, die bis zu einer Länge von 30–40 cm wachsen können und wie Blattgemüse roh im Salat, als Suppeneinlage oder gedünstet verwendet werden.

MICROGREENS & MIKROGEMÜSE

Microgreens oder Mikrogemüse sind nichts anderes als normale Gemüsepflanzen, die geerntet werden, bevor sie ihre eigentliche Größe erreicht haben. Daher werden sie manchmal auch mit dem Zusatz »Baby« angeboten. Sie schmecken besonders fein und sind von zarterer Struktur als die ausgewachsene, »reife« Variante. Manchmal werden auch andere Teile geerntet wie bei der Anzucht im Beet – so schmecken die Blätter der Roten Bete auch ohne Knollen köstlich, genau wie die von Kohlrabi. Zusätzliche Vielfalt bringen Sie auf den Teller, wenn Sie unterschiedliche Sorten, z. B. solche mit roten und grünen Blättern, mischen.

ANZUCHT

Auf der Fensterbank werden Microgreens in flache Schalen oder Töpfe in Blumenerde gesät. Da sie etwas mehr Zeit benötigen, bis sie geerntet werden können, kommt in die Pflanzgefäße mehr Erde als in die Schälchen, die für die Grünsprossenanzucht verwendet werden. Die Schalen mit den Keimlingen bzw. später den Gemüsepflänzchen müssen sehr hell stehen, im Winter ist eine Zusatzbeleuchtung empfehlenswert. Wichtig: Salat, Feldsalat und Spinat keimen bei höheren Temperaturen (ab 18 °C und mehr) nur noch schlecht.

GEEIGNETE ARTEN

Für die Anzucht von Microgreens auf der Fensterbank eignen sich:

- Asia-Greens, u. a. Mizuna, Blattsenf, Shungiku (Speise-Chrysantheme)
- Feldsalat
- Kohlrabi
- Mangold
- Pak Choi und Tatsoi (rot- und grünblättrig)
- Rote Bete
- Rucola
- Schnitt- und Pflücksalate
- Spinat

TIPP

Wenn Sie einen Balkon oder eine Terrasse haben, können Sie auch noch Möhren, Radieschen, Mairübchen, Rote Bete und Kohlrabi in Töpfen oder Kästen anbauen. Dazu Küchenkräuter wie Petersilie und natürlich Basilikum.

PRAXIS

AUF EINEN BLICK

GRUND**AUSSTATTUNG**
GEFÄSSE & SUBSTRATE

Für die Anzucht eigener Sprossen und Microgreens brauchen Sie nicht viel. Passende Gefäße, etwas Blumenerde oder Substrat und ein paar Zusatzutensilien, die sich in jedem Haushalt finden.

KEIMAPPARATE & -GLÄSER

Für Keimsprossen gibt es praktische Gläser und Anzuchtschalen. Sie lassen sich in der Spülmaschine reinigen und sind selbst gebastelten »Konstruktionen« aus alten Einmachgläsern, die mit Vlies abgedeckt oder deren Deckel durchlöchert werden, haushoch überlegen.

TÖPFE & SCHALEN

Zur Anzucht von Grünsprossen und Microgreens eignen sich alle Gefäße, Hauptsache, sie sind wirklich (!) wasserdicht. Das Material spielt keine Rolle.

- Tonschalen und Gefäße müssen innen und außen glasiert sein. Normale Blumentopfuntersetzer, die innen glasiert sind, bleiben nicht zuverlässig wasserdicht – Vorsicht, Flecken auf der Fensterbank!
- Praktisch und günstig sind kleine Aluschalen (»Grillschalen«), die in verschiedenen Größen angeboten werden. Sie können immer wieder verwendet werden.
- Plastikschalen sind geeignet, werden aber mit der Zeit spröde, wenn sie öfter in der Spülmaschine gereinigt wurden.

SUBSTRAT

Anzucht- oder Blumenerde funktioniert immer. Sprossen, die auf Watte oder Vlies gezogen werden, schmecken fader.

NÜTZLICHES ZUBEHÖR

Messlöffel (Ess- und Teelöffel reichen) für die Samen, Gläser zum Einweichen, eine kleine Gießkanne oder Ballbrause, eine Schüssel, frisches Wasser und Zeitungspapier – fertig ist die Grundausstattung.

TIPP

Die Blumen- oder Anzuchterde für Grünsprossen und Microgreens sollte keinen organischen Dünger auf Geflügel- oder Rinderdung enthalten. Die Sprossen sind empfindlich und werden schnell mit Bakterien kontaminiert.

01. Keimgläser und Sprossenanzuchtbehälter aus Glas oder Kunststoff gibt es fertig z. B. im Naturkosthandel zu kaufen. Wichtig: Sie müssen nach jeder »Runde« Sprossenanzucht in der Spülmaschine gereinigt und desinfiziert werden.
02. Ton- und Kunststoffschälchen sind perfekt für Grünsprossen.
03. Aluschalen gibt es in vielen Größen. Sie sind leicht, einfach zu reinigen und absolut wasserdicht.
04. Zum Abmessen der Samenkörner benötigen Sie Messbecher oder -löffel – es geht aber auch mit normalen Ess- oder Teelöffeln. Zum Einweichen besonders dicker Samen, wie Erbsen, Adzuki- und Mungobohnen, sowie dickschaliger Sonnenblumenkerne eignen sich kleine Gläschen oder Kunststoffbecher.
05. Ein Küchensieb ist praktisch, um die Samen vor der Aussaat durchzuspülen bzw. um Keimsprossen nach der Ernte zu reinigen. Edelstahlsiebe sind hygienischer als Plastiksiebe, denn sie können besser in der Spülmaschine gereinigt werden. Das Sieb sollte nicht zu grobmaschig sein, da sonst zarte Keimspitzen abbrechen können. Zur Ernte von Grünsprossen und Microgreens reicht eine normale Küchenschere.

DIE BASICS: GIESSEN, PFLEGEN & DÜNGEN

Damit Ihre Sprossen wachsen und gedeihen und nach ein paar Tagen geerntet werden können, brauchen sie etwas Pflege – nicht viel, aber ohne geht es nicht.

01. Grünsprossen und Microgreens müssen regelmäßig gegossen werden. Meist reicht allerdings ein kleiner Schluck Wasser pro Schale und Tag völlig aus.

02. Ohne Licht kein Wachstum. Stellen Sie Grünsprossen an ein helles Fenster, aber nicht in die pralle Sonne.

03. Die Nährstoffe in der Anzuchterde reichen für die kurze Zeit, in der die Sprossen wachsen, aus. Eine zusätzliche Gabe von Düngemittel ist nicht nötig.

04. Keimsprossen müssen ein- bis viermal täglich gespült werden.

WAS TUN, WENN ...?
SCHNELLE **HILFE** BEI PROBLEMEN

Wenn es mal mit der Anzucht nicht so klappt, wie Sie sich das vorgestellt haben, ist das kein Beinbruch.

01. Schimmel tritt dann auf, wenn die Erde in den Schalen zu nass war. **Abhilfe:** Werfen Sie die Samen mit der Erde weg, die Schale kann nach einer gründlichen Reinigung wiederverwendet werden.

02. Lange Triebe entstehen bei zu wenig Licht oder zu viel Wärme. **Abhilfe:** Abernten und gleich aufessen.

03. Unregelmäßiges Keimen liegt an alten oder zu lang gelagerten Samen. **Abhilfe:** Beim nächsten Mal dichter aussäen oder frisches Saatgut besorgen.

04. Sind die Sprossen schlapp, muss sofort gegossen werden.

ANZUCHT VON **KEIMSPROSSEN**
KNACKIG & FRISCH

Die Auswahl an Gläsern, Schalen, Behältern und vollautomatischen Keimgeräten ist riesig. Am einfachsten funktionieren Sprossengläser und Etagenkeimgeräte, die es aus Kunststoff oder aus Ton gibt. Sprossengläser können Sie sich auch aus großen Einmachgläsern selbst bauen, indem Sie den Deckel durch ein Stück Vlies, das einfach mit einem Gummiband befestigt wird, ersetzen.

KEIMSPROSSEN IM SPROSSENGLAS

01. Spülen Sie die Samen in einem Sieb unter fließendem Wasser ab. So werden Staub und Schmutz, die an den Samenschalen haften, entfernt. Im Sprossenglas können Sie etwa ein bis zwei Esslöffel Samen keimen.

02. Anschließend werden die Samen über Nacht im Glas eingeweicht.

03. Am nächsten Tag wird das Glas schräg gestellt, damit das Wasser, in dem die Samen gequollen sind, ablaufen kann. Anschließend wirklich gründlich durchspülen, bis das Spülwasser klar ist.

04. Damit die Sprossen nicht verkeimen oder schimmeln, müssen sie ein- bis zweimal täglich mit Wasser gespült werden. Bleiben sie länger im Glas, bilden sich Bakterien und Schimmelpilze, die nicht nur unappetitlich sind, sondern auch gesundheitsschädlich sein können.

05. Wenn die Sprossen groß genug sind, werden sie aus dem Glas geschüttelt und noch einmal gründlich durchgespült.

KEIMSPROSSEN IM ETAGENKEIMGERÄT

06. Im Etagenkeimgerät können Sie unterschiedliche Sprossen in den diversen Etagen ankeimen. Es eignet sich besser für größere Samen, da kleine die feinen Siebe verstopfen können und das Wasser dann nicht mehr gut ablaufen kann.

07. Geben Sie die Samen auf die Siebe und schütten Sie eine ordentliche Portion Wasser darüber – nur so entsteht ein Sog, der frische Luft durch die Etagen zieht. Das Wasser in der untersten Schale wegschütten oder zum Blumengießen verwenden.

TIPP

Stellen Sie die Sprossengläser bzw. das Etagenkeimgerät an einem hellen Platz auf, aber nicht direkt in die Sonne auf der Fensterbank. Es kommt sonst zu einem Wärmestau.

01.

02.

03.

04.

05.

06.

07.

01.

02.

03.

04.

05.

06.

07.

08.

ANZUCHT VON GRÜNSPROSSEN: SUPERFOOD & SUPERHEALTHY

Grünsprossen und Microgreens (Babygemüse) werden im Gegensatz zu Keimsprossen in Blumenerde angezogen. Sie können für schnelle Keimer wie Kresse oder Senf auch Watte oder Vlies verwenden. Die Sprossen schmecken dann aber weniger intensiv, da die Pflänzchen keine zusätzlichen Nährstoffe bekommen.

Insgesamt ist die Anzucht auf Substrat einfach und viel weniger problemanfällig als die von Keimsprossen.

01. Weichen Sie große Samen, wie Linsen, Erbsen und Bohnen sowie Sonnenblumenkerne, über Nacht in Wasser ein.
02. Füllen Sie die Anzucht- oder Blumenerde in die Gefäße. Für eine kleine Aluschale (diese Grillschälchen sind 15 × 12 cm groß und 5 cm tief) reicht eine gute Handvoll, damit eine Schicht von 1–2 cm entsteht.
03. Mit einer Ballbrause wird das Substrat angefeuchtet. Ein ordentlicher Spritzer ist genug, denn die Erde soll nicht zu nass sein, sonst schimmelt sie (und die Keimlinge).
04. Spülen Sie die Samen in einem kleinen Küchensieb gut durch.
05. Auf die Substratoberfläche werden nun die Samen gestreut – dicht an dicht. Da sie ja schon nach wenigen Tagen geerntet werden, brauchen sie nicht so viel Platz wie im Gemüsegarten. Bei großen Samen wie Erbsen brauchen Sie zwei gehäufte Esslöffel, bei kleinen reichen zwei Teelöffel. Zum Verteilen eignet sich ein Löffel, mit dem sich die Samen gut auf der Oberfläche verstreichen lassen.
06. Zur Abdeckung ist Zeitungspapier ideal. Falten Sie eine Zeitungsseite (ein halber Bogen) so oft zusammen, bis der Faltstapel so groß ist, dass er auf die Schale passt und die Ränder etwas überstehen. Anschließend die Zeitung in Wasser einweichen, bis sich das Papier richtig vollgesaugt hat.
07. Die Samen werden jetzt mit dem feuchten Papier abgedeckt und ein bis zwei Tage dunkel aufgestellt.
08. Wenn die Keimlinge das Papier hochdrücken, wird es abgenommen. Jetzt können sich die Keimblätter entfalten.

TIPP

Normale Gartenerde ist nicht geeignet, denn sie enthält zu viele Keime (Pilze und Bakterien). Außerdem können die Wurzeln die harte Oberfläche nur schwer durchdringen.

09. Regelmäßig gießen nicht vergessen! Die Sprossen sollten nicht austrocken. Wenn das doch einmal passieren sollte und die Sprossen nur schlapp, aber noch nicht eingetrocknet sind, können Sie sie gut anfeuchten und die Schale in einer Plastiktüte in den Kühlschrank stellen. Mit etwas Glück erholen sie sich wieder.

10. Wenn die Sprossen groß genug sind, werden sie mit einer Küchenschere abgeschnitten.

11. Samenhülsen, die noch an den Spitzen der Keimblätter (hier Sonnenblumen) hängen, sind beim Verzehr nicht besonders appetitlich. Sie lassen sich aber einfach entfernen, indem die geernteten Sprossen in einer Schale mit kaltem Wasser gewaschen werden. Die Spelzen steigen an die Wasseroberfläche und lassen sich leicht abgießen. Das funktioniert auch mit zarten Sprossen wie Brokkoli oder Senf sehr gut.

12. Am besten sollten Sie die Sprossen gleich frisch verarbeiten oder aufessen. Sie halten sich im Kühlschrank höchstens ein bis zwei Tage. Einfrieren lassen sich nur Keimsprossen, Grünsprossen hingegen werden durch die Kälte glasig und matschig.

ERNTEN: SPROSSEN, FRISCH GESCHNITTEN

Keimsprossen können oft schon nach vier bis fünf Tagen geerntet und verwendet werden, bei Grünsprossen dauert es etwas länger. Erbsensprossen sind nach zwei bis drei, Microgreens sind nach vier bis sechs Wochen erntereif.

KEIMSPROSSEN ERNTEN

Nehmen Sie die Keimsprossen aus dem Glas oder dem Keimgefäß. Gut durchspülen und die Hülsen entfernen, indem man die Sprossen in kaltem Wasser in einer Schüssel gründlich wäscht.

GRÜNSPROSSEN ERNTEN

Grünsprossen werden geerntet, wenn sich die Keimblätter richtig entfaltet haben. Das erste »richtige« Blatt, das zwischen den Keimblättchen erscheint, sollte noch nicht sichtbar sein. Es schmeckt bei den meisten Arten bitter oder scharf. Ausnahme: Erbsen. Die dürfen wachsen, bis die Triebe etwa 15–30 cm lang sind.

Schneiden Sie die Sprossen etwa 1 cm über dem Substrat ab. Sie müssen dann nur noch gewaschen und geputzt werden. Wenn die Sprossen in tieferen Schälchen gewachsen sind, können Sie sie einfach mitsamt dem Wurzelballen aus der Schale nehmen und dann abschneiden.

LAGERN UND AUFBEWAHREN

Sprossen sollten am besten gleich verarbeitet und verzehrt werden. Sie halten sich im Kühlschrank in einer verschlossenen Dose oder Kunststofftüte nur ein paar Tage. Lassen Sie die Sprossen nach dem Waschen kurz auf einem Küchenpapier abtropfen. Sie müssen nicht trocken sein, im Gegenteil. Ein bisschen Feuchtigkeit verbessert die Lagerfähigkeit. Keimsprossen lassen sich recht gut einfrieren, Grünsprossen werden besser auf der Fensterbank, noch in der Schale »gelagert«. Aber auch dann gilt: Zeigen sich die ersten richtigen Blätter, muss geerntet werden.

TIPP

Bei Keimsprossen besteht die Gefahr, dass sie mit Bakterien kontaminiert sein können. Wenn die Sprossen müffeln, komisch riechen oder schleimig-trübe Stellen haben: Wegwerfen!

PORTRÄTS

LECKER & FRISCH

ADZUKIBOHNE

AUF EINEN BLICK

- für Keimsprossen
- 8–12 Stunden einweichen
- 2–3× pro Tag spülen
- nach 3–6 Tagen ernten
- erst ab dem 4. Tag roh verzehrbar, besser kurz erhitzen
- roh für Salate, gedünstet und gebraten, auch für herzhafte Speisen

Adzukibohnen-Sprossen haben ein nussiges Aroma, sind zart und doch so fest, dass sie beim Kochen oder Braten nicht zerfallen. Die Sprossen sind reich an den Vitaminen A, B, C und E, dazu Eisen, Kalium und Kalzium sowie Ballaststoffen. Der Eiweißgehalt beträgt um die 20–25 %. Der hohe Gehalt an Lysin, einer essenziellen Aminosäure, macht sie supergesund. Wie alle Bohnen enthalten die Pflanzen das giftige Phasin, das jedoch beim Keimvorgang und durch Erhitzen zerstört wird.

ALFALFA | LUZERNE

AUF EINEN BLICK

- für Keim- und Grünsprossen
- 8–12 Stunden einweichen
- 2× pro Tag spülen
- Keimsprossen: nach 7 Tagen ernten
- Grünsprossen: nach 10–12 Tagen schneiden
- erst ab dem 7. Tag roh verzehrbar
- roh für Salate, in Smoothies

Die Sprossen von Alfalfa oder Luzerne sind echte Wundersprossen. Sie schmecken nicht nur mild und nussig, sie haben auch eine entzündungshemmende Wirkung, regen den Appetit an und können bei Akne und Autoimmunkrankheiten helfen. Alfalfa-Grünsprossen haben, von Getreide-Grünsprossen einmal abgesehen, den höchsten Gehalt an Chlorophyll und Eiweiß, dazu reichlich Mineralstoffe wie Calcium und Vitamine. Die feinen Haarwürzelchen sehen aus wie Schimmel, keine Sorge also.

AMARANT

AUF EINEN BLICK

- für Keim- und Grünsprossen
- 0,5–3 Stunden einweichen, für Grünsprossen direkt säen
- 2–3× pro Tag spülen
- Keimsprossen: nach 2–3 Tagen ernten, z. B. im Müsli verwenden
- Grünsprossen: nach 7–14 Tagen schneiden, werden eher als Deko genutzt

Amarant kann als nussige Keimsprossen oder leuchtend rote »Grün«-Sprossen verwendet werden. Der Eiweißgehalt beträgt gut 15–18 %. Die Sprossen enthalten auch die Aminosäure Lysin, die bei einer rein pflanzlichen (veganen) Ernährung schwer zu bekommen ist. Die Sprossen sind zudem geballt voll mit Kalzium, Eisen, Magnesium und Zink, reich an Ballaststoffen und Lecithin. Amarant wirkt blutreinigend, entzündungshemmend und unterstützt die Verdauung, das Herz und die Knochenbildung.

SAUERAMPFER

AUF EINEN BLICK

- als Microgreens und Babygemüse
- die kleinen Samen nicht einweichen, direkt säen
- hell und nicht zu warm stellen
- nach 2–3 Wochen erntereif
- roh für Salate, gedünstet eher wie Spinat oder in Suppen und als Bestandteil der Frankfurter Grünen Soße

Die Blätter von Sauerampfer enthalten viel Eisen und Vitamin C. Der würzig-säuerliche Geschmack der zarten Blätter gibt frischen Salaten eine ganz besondere Note. Sauerampfer wirkt appetitanregend und mindert Verdauungsbeschwerden. Dazu ist er blutreinigend, harntreibend und entschlackend. Sie können die Blätter auch einfrieren. Farbe auf den Teller bringt der rotadrige Blutampfer. Ampfer enthält Gerbstoffe und Oxalsäure, die nicht jeder gut verträgt – also in Maßen genießen.

ASIA-GREENS

AUF EINEN BLICK

- für Grünsprossen, als Microgreens und Babygemüse
- die Samen nicht einweichen, direkt säen
- je nach Verwendung nach 2–5 Wochen erntereif
- roh für pikante Salate, gedünstet eher wie Spinat oder in Suppen und als Bestandteil der asiatischen Küche

Als Asia-Greens werden verschiedene Blattsenf-Arten bzw. sorten, Mizuna und Spinatsenf bezeichnet. Dazu kommen weitere Blattgemüse wie Perilla (Shiso), Speise-Chrysanthemen (Shungiku) und Blattkoriander (Cilantro), die zusammen eine pikante Salatmischung ergeben. Senföle fördern die Verdauung und haben eine krebshemmende Wirkung. Die Inhaltsstoffe gehen beim Kochen verloren, daher die Blätter am besten als Salat verwenden oder kurz vor dem Servieren unterrühren.

BASILIKUM

AUF EINEN BLICK

- als Microgreens
- in kleine Schalen säen; auf Vlies oder Watte wachsen die Sämlinge kümmerlich
- Basilikumsamen schleimen und sind nicht zur Anzucht von Keimsprossen geeignet
- Samen nicht abdecken, sie keimen nur im Licht; täglich besprühen
- nach 10–21 Tagen ernten

Basilikum ist ein Würzkraut, das viele ätherische Öle enthält sowie die Vitamine A, B, C, E und K, Kalzium, Eisen, Kalium und Magnesium und verdauungsfördernde Enzyme. Außerdem wirkt Basilikum entzündungshemmend, hilft bei Blähungen, Völlegefühl und schwere Mahlzeiten zu verdauen. Als Microgreens eignen sich grüne und rote Basilikumsorten gleichermaßen. Für noch mehr Abwechslung sorgen Zitronen- und Thai-Basilikum sowie die besonders pfeffrig schmeckenden kleinblättrigen Sorten.

BOCKSHORNKLEE

AUF EINEN BLICK

- für Keim- und Grünsprossen
- 6–12 Stunden einweichen
- 2–3× pro Tag spülen
- Keimsprossen: nach 2–4 Tagen ernten; Keimsprossen schmecken ab dem 4. Tag unangenehm bitter!
- Grünsprossen: nach 10–18 Tagen ernten
- roh für Salate, für indische Gerichte

Bockshornklee hat einen ganz eigenen, herbwürzigen Geschmack und Duft – unverzichtbar für die indische Küche und toll in grünen Smoothies und Salaten. Die Sprossen enthalten viele Bitterstoffe, Vitamine (A, B_1, B_2, B_5), essenzielle Aminosäuren, Saponine und ätherische Öle, Eisen und Phosphor. Bockshornklee wirkt verdauungsfördernd und leber- und nierenreinigend. Außerdem wirkt er antiviral, entschleimend und hilft Frauen bei Menstruations- und Wechseljahrbeschwerden.

BROKKOLI

AUF EINEN BLICK

- für Keim- und Grünsprossen
- 8–12 Stunden einweichen
- 2–3× pro Tag spülen
- Keimsprossen: nach 5–7 Tagen ernten
- Grünsprossen: nach 7–14 Tagen schneiden
- roh im Salat, in Smoothies oder als Suppeneinlage

Brokkolisprossen schmecken mild und würzig und enthalten viel mehr Senföle und Schwefelverbindungen als das ausgewachsene Gemüse. Vor allem der Inhaltsstoff Sulphoran soll Krebs vorbeugen. Eine Handvoll Sprossen enthält genauso viele Antioxidantien wie 1,5 kg Gemüsebrokkoli. Die Sprossen enthalten außerdem viel Kalzium, Eisen, Kalium, Natrium, Phosphor und Zink. Dazu die wichtigen Vitamine B_1, B_2, B_6, E und C und Provitamin A – ein echtes Superfood und ein Immunbooster eben.

BUCHWEIZEN

AUF EINEN BLICK

- für Keim- und Grünsprossen
- Keimsprossen (Samen ohne Schale): 0,5–4 Stunden einweichen, 3–4× pro Tag spülen, nach 1–2 Tagen ernten
- Grünsprossen (Samen mit Schale): 8–12 Stunden einweichen, nach 8–12 Tagen schneiden
- roh für Salate, im Müsli, als Brotauflage

Buchweizen schmeckt mild-nussig und kann sogar schon nach dem Einweichen verwendet werden. Die Sprossen enthalten viele Vitamine und Mineraltstoffe, alle essenziellen Aminosäuren in einem optimalen Verhältnis sowie sekundäre Pflanzenstoffe wie das antioxidative Flavonoid Rutin. Sie sind eine glutenfreie Alternative zu Getreidesprossen. Vor dem Einweichen die Samenschalen mit heißem Wasser abspülen, um Hautirritationen durch den Farbstoff Fagopyrin auf der Schale zu vermeiden.

CHIA

AUF EINEN BLICK

- für Grünsprossen
- nicht einweichen, direkt säen, da die Samen quellen und Schleim bilden
- Grünsprossen: nach 7–14 Tagen schneiden
- die Körner eignen sich auch als Puddingersatz; dazu diese über Nacht in der 7–10-fachen Menge Wasser einweichen

Chia ist ein Salbeigewächs und ein neu entdecktes Multitalent in der Küche. Die mild schmeckenden Samen und Sprossen enthalten große Mengen Omega-3-Fettsäuren, Eisen und Ballaststoffe. Bei der Keimung werden noch mehr Vitalstoffe gebildet, die die Antioxidantien, Vitamine und Mineralstoffe (darunter das Spurenelement Bor) ergänzen. Chia wirkt darmreinigend und entschlackend, die Samen können aber am Anfang zu Verstopfung führen – nicht mehr als 15 g pro Tag essen.

ERBSEN

AUF EINEN BLICK

- für Keim- und Grünsprossen, Microgreens
- Keimsprossen: 8–12 Stunden einweichen 2–3× pro Tag spülen, nach 3–4 Tagen ernten | Grünsprossen: 8–12 Stunden einweichen, nach 10–15 Tagen schneiden | Microgreens nach 15–20 Tagen ernten
- vor dem 4.Tag nicht roh verzehren
- roh für Salate, gedünstet als Wok-Gemüse

Erbsensprossen gehören zu den wenigen Sprossen, die auch noch verzehrt werden können, wenn sie richtige Blätter gebildet haben. Sie schmecken nussig-süß und aromatisch und gedeihen auch bei niedrigeren Temperaturen noch gut. Die Sprossen enthalten zirka 25 % Eiweiß inklusive aller essenzieller Aminosäuren, Kohlenhydrate und Fett, Vitamine und Mineralstoffe, darunter Silizium. Bei der Anzucht als Grünsprossen immer Blumenerde verwenden. Vlies und Watte enthalten nicht genug Nährstoffe.

GRÜNKOHL

AUF EINEN BLICK

- für Keim- und Grünsprossen
- 6–12 Stunden einweichen
- 2× pro Tag spülen
- Keimsprossen: nach 3–6 Tagen ernten
- Grünsprossen: nach 7–14 Tagen schneiden
- Alternative zu Chinakohl
- roh für Salate, gedünstet als Wok-Gemüse

Grünkohlsprossen schmecken mild und relativ süß, ganz anders als die ausgewachsenen Blätter. Die Sprossen enthalten eine einzigartige Vitalstoffzusammensetzung, viel Vitamin C und sekundäre Pflanzenstoffe wie Senfölglykoside. Der Eiweißgehalt liegt bei 30–35 %. Die Sprossen wirken cholesterinsenkend, beugen Krebs vor und stärken das Herz-Kreislauf-System und das Immunsystem. Die Sprossen sind eine willkommene Alternative zu Grün- und Palmkohl, der ja nur im Herbst und Winter angeboten wird.

KOHLRABI

AUF EINEN BLICK

- für Keim- und Grünsprossen und als Microgreens
- 6–12 Stunden einweichen
- 2× pro Tag spülen
- Keimsprossen: nach 3–5 Tagen ernten
- Grünsprossen: nach 5–10 Tagen
- Microgreens: nach 14–20 Tagen
- roh für Salate, gedünstet, Suppeneinlage

Kohlrabisprossen schmecken feinherb mit einer leichten Kohlnote. Die Senföle geben den Blättern einen pikanten Touch, fördern zudem die Verdauung und haben eine krebsvorbeugende Wirkung. Die Blätter enthalten viel mehr Phosphor als die Knollen. Auf dem Balkon können Sie die Pflänzchen auch im Kasten oder in Töpfen sowie im Garten säen und die zarten Knollen ernten. Übrigens haben die Sprossen von roten bzw. blauvioletten Kohlrabisorten kräftig violette Stängel.

KRESSE

AUF EINEN BLICK

- für Grünsprossen und als Microgreens
- die Samen sind schleimbildend, daher nicht einweichen, sondern direkt säen
- Grünprossen: auf Vlies oder Watte säen; nach 6–10 Tagen ernten
- Microgreens: auf Blumenerde in Schalen säen; nach 12–20 Tagen schneiden
- roh für Salate, als Brotauflage

Kresse schmeckt scharf und rassig, ideal als pikante Brotauflage oder für würzige Salate. Die Sprossen enthalten zwar nicht so viel Eiweiß wie andere Keimlinge, dafür umso mehr Senfölglykoside, Carotin, Kalzium, Eisen, Jod, Kalium, Phosphor und die Vitamine A, B_1, B_2, B_3, D und E. Kresse wirkt antibiotisch, verdauungs- und stoffwechselfördernd und blutreinigend. Wenn Sie die Sprossen länger wachsen lassen, bilden sich etwas mildere, größere Blättchen, die je nach Sorte unterschiedlich geformt sind.

LINSEN

AUF EINEN BLICK

- für Keim- und Grünsprossen
- Keimsprossen: 8–12 Stunden einweichen 2–3× pro Tag spülen; nach 3–5 Tagen ernten
- Grünsprossen: 8–12 Stunden einweichen; nach 8–12 Tagen schneiden
- roh erst ab dem 4.Tag verzehren
- roh für Salate, als Brotauflage, gedünstet

Linsensprossen sind reich an Eiweiß und Kohlenhydraten, enthalten viele Mineralstoffe wie Kalzium, Eisen, Kalium und Phosphor, die Vitamine A, B_1, B_2, B_3, B_6, C und E sowie eine ordentliche Portion Ballaststoffe. Als Keimsprossen schmecken sie mild-nussig bis herb – je nach Sorte unterschiedlich. Durch die anhängenden Linsen sind sie zudem richtig sättigend. Die Grünsprossen sind etwas herber. Linsensprossen wirken blutzuckerspiegelregulierend, sie fördern die Verdauung und das Immunsystem.

MUNGO**BOHNEN**

AUF EINEN BLICK

- nur für Keimsprossen
- 8–12 Stunden einweichen
- 2–3× pro Tag spülen
- nach 3–5 Tagen ernten
- roh erst ab dem 4.Tag verzehren
- dunkel gekeimte Sprossen haben längere Stiele (»Keimschwänze«)
- roh für Salate, gedünstet als Wok-Gemüse

Mungobohnen werden auch als Lunja- oder Jerusalembohnen angeboten. Sie schmecken knackig-frisch mit einer süßlichen Note. Sie haben einen hohen Kohlenhydratgehalt, enthalten wenig Fett, dafür aber umso mehr essenzielle Aminosäuren, viele Vitamine, besonders Niacin und Folsäure und Vitamin E. Die Sprossen wirken regulierend auf den Blutzucker- und Cholesterinspiegel, fördern durch die Ballaststoffe die Verdauung und sind zudem unglaublich vielseitig verwendbar – eben ein echtes Superfood.

QUINOA

AUF EINEN BLICK

- nur für Keimsprossen
- 0,5–4 Stunden einweichen
- 2× pro Tag spülen
- nach 1–4 Tagen ernten
- nicht für Kleinkinder und als Säuglingsnahrung geeignet
- roh für Salate, im Müsli, gedünstet als Wok-Gemüse

Quinoa ist mit Amarant verwandt und eine glutenfreie Alternative zu Getreidesprossen. Die Keimlinge schmecken nussig-frisch und haben einen angenehmen »Biss«. Sie enthalten etwa 15 % Eiweiß mit allen essenziellen Aminosäuren und leicht verdauliche Kohlenhydrate. An Vitaminen seien A, B_2, C und E genannt, bei den Mineralstoffen sticht der hohe Magnesiumgehalt hervor. Quinoa reguliert den Blutzuckerspiegel, fördert die Verdauung und das Immunsystem und hat eine antioxidative Wirkung.

RADIESCHEN

AUF EINEN BLICK

- für Keim- und Grünsprossen
- 6–12 Stunden einweichen
- 2× pro Tag spülen
- Keimsprossen: nach 3–5 Tagen ernten
- Grünsprossen: nach 6–14 Tagen schneiden
- roh für Salate, als Brotauflage, gedünstet als Wok-Gemüse

Radieschensprossen können schon ganz schön scharf sein – richtige Durchputzer für die Atemwege (schleimlösend) und die Verdauungsorgane. Schärfer sind nur noch Rettichsprossen. Radieschensprossen enthalten viermal mehr Magnesium als die Knollen, dazu Kalzium, Eisen, Kalium und Zink. Der hohe Vitamin-C-Gehalt sorgt dafür, dass Mineralstoffe wie Eisen und Kalzium besser aufgenommen werden können. Und mit einem Eiweißgehalt von 30–35 % sind sie echte kleine Proteinbomben.

RETTICH

AUF EINEN BLICK

- für Keim- und Grünsprossen
- 6–12 Stunden einweichen
- 2× pro Tag spülen
- Keimsprossen: nach 3–6 Tagen ernten
- Grünsprossen: nach 7–14 Tagen schneiden
- roh für Salate, als Brotauflage, gedünstet als Wok-Gemüse

Rettichsprossen sind quasi die scharfen Geschwister der Radieschen. Sie wachsen recht schnell und sind perfekt als pikant-würzige Ergänzung von Salaten oder als Brotauflage. Rettichsprossen enthalten neben den schleimlösenden Senfölglykosiden jede Menge Vitamin C und Eiweiß. Für farbige Abwechslung im Sprossengarten und auf dem Teller sorgt der asiatische Hong-Vit-Rettich mit seinen rosaroten Stielen. Der Daikon-Rettich hat saftig-knackige, weiße Stiele und große Keimblätter.

ROTE BETE

AUF EINEN BLICK

- für Keim- und Grünsprossen
- 8–12 Stunden einweichen
- 2× pro Tag spülen
- Keimsprossen: nach 5–6 Tagen ernten
- Grünsprossen: nach 6–12 Tagen schneiden
- roh für Salate, als Brotauflage, gedünstet als Wok-Gemüse

Rote-Bete-Sprossen haben einen ganz eigenen, erdigen Geschmack, der bei den Grünsprossen noch intensiver ist. Sie enthalten viel Vitamin A und C und – besonders wichtig – auch den Vitamin-B-Komplex, darunter auch B_9. Als sekundärer Pflanzenstoff ist Betain erwähnenswert, das eine positive Wirkung auf Galle und Leber hat und stimmungsaufhellend wirkt, da es den Serotoninspiegel erhöht. Die Sprossen fördern auch die Fettverdauung und beugen Arterienverkalkung vor.

ROTKLEE

AUF EINEN BLICK

- für Keim- und Grünsprossen
- 8–12 Stunden einweichen
- 2–3× pro Tag spülen
- Keimsprossen: nach 5–6 Tagen ernten
- Grünsprossen: nach 7–14 Tagen schneiden
- schnell keimende Alternative zu Alfalfa
- roh für Salate, in Smoothies, als Deko

Rotklee ist nah mit der Luzerne (Alfalfa) verwandt, schmeckt jedoch milder und nur leicht nussig. Da er sehr schnell und unkompliziert keimt, ist er eine ideale Art, um Erfahrungen bei der Sprossenanzucht zu sammeln. Die Sprossen enthalten viele Vitamine und Mineralstoffe, aber auch ätherische Öle und sekundäre Pflanzenstoffe mit hormonelller Wirkung, sogenannte Phytoöstrogene. Sie können Osteoporose vorbeugen, Wechseljahrbeschwerden lindern und den Cholesterinspiegel senken.

ROT- & WEISSKOHL

AUF EINEN BLICK

- für Keim- und Grünsprossen
- 6–12 Stunden einweichen
- 2× pro Tag spülen
- Keimsprossen: nach 3–5 Tagen ernten
- Grünsprossen: nach 5–14 Tagen schneiden
- roh für Salate, in Smoothies, als Deko und als Beigabe zu Pfannengerichten

Kohlsprossen erinnern mit ihrem fein-herben, milden Kohlgeschmack an Brokkolisprossen. Rotkohlsprossen sorgen durch ihre purpurroten Keimblätter und Stiele in Salaten oder als Garnierung für Farbe. Die Kohlsprossen enthalten Senföle und außerdem eine ganze Reihe Mineralstoffe wie Kalzium, Eisen, Kalium, Natrium, Phosphor und Zink. Die Samen sind relativ teuer, aber da sie sehr klein sind, benötigen Sie für die Grünsprossenanzucht nicht so viel Saatgut – ein Teelöffel pro Schälchen reicht vollkommen aus.

RUCOLA

AUF EINEN BLICK

- für Grünsprossen, als Microgreens und Babygemüse
- die kleinen Samen nicht einweichen, direkt säen
- Sprossen zum Würzen: nach 3–5 Tagen
- Microgreens: 2–4 Wochen
- roh für pikante Salate; beim Kochen verlieren Rucolasprossen ihr Aroma

Rucola oder Rauke hat, wie alle Kohlgewächse, pikant-scharfe Sprossen. Die Sprossen sind sogar noch aromatischer als ausgewachsene Blätter, daher reicht es oft, nur ein paar zum Würzen über den Salat zu geben. Sie enthalten Senföle und wirken verdauungsfördernd. Vom Rucola gibt es übrigens zwei Arten, die Wilde Rauke und die Salat-Rauke, die etwas milder im Geschmack ist. Die 'Rote Wilde Rauke' hat purpurrote Blätter und wird auch als Asia-Salat 'Agano' angeboten.

SCHNITTSALAT

AUF EINEN BLICK

- als Microgreens und Babygemüse
- nicht einweichen, sondern direkt säen
- hell und nicht zu warm stellen, bei Temperaturen über 20 °C keimen die Samen schlecht, beim Saatgut auf Sommersorten achten
- nach 4–6 Wochen erntereif
- roh für Salate

Schnittsalat wächst gut in flachen Schalen und ist perfekt für helle Fensterbänke und den Balkon. Theoretisch wächst er nach der Ernte wieder nach, es lohnt sich aber nicht. Besser ist es, regelmäßig (etwa alle zwei Wochen) nachzusäen. Es gibt viele verschiedene Sorten mit grünen und roten, breiten und geschlitzten bzw. krausen Blättern. Salat enthält relativ viel Folsäure und sekundäre Pflanzenstoffe, denen einen positive Wirkung auf den Blutdruck und den Blutzuckerspiegel nachgesagt wird.

SENF

AUF EINEN BLICK

- für Keim- und Grünsprossen
- 6–8 Stunden einweichen
- 2–3× pro Tag spülen
- Keimsprossen öfter lüften
- Keimsprossen: nach 2–5 Tagen ernten
- Grünsprossen: nach 6–14 Tagen schneiden
- roh für Salate, in Senf und Saucen

Senfsprossen haben eine typische Schärfe, die beim Erwärmen etwas nachlässt. Die Sprossen enthalten mit 30–35 % viel Eiweiß. Für die Schärfe sind die Senföle verantwortlich, die schleim- und krampflösend und dazu noch antibakteriell wirken. Die Bitterstoffe regen die Verdauung an. Wenn Sie einen empfindlichen Magen haben, nicht zu viele Senfsprossen essen! Auf der Vitaminseite seien A, B, C, E und K erwähnt, dazu kommen Kalzium, Eisen, Kalium, Magnesium und Zink.

SONNENBLUME

AUF EINEN BLICK

- für Keim- und Grünsprossen
- Keimsprossen (Samen ohne Schale): 4–6 Stunden einweichen, 2× pro Tag spülen, nach 1–2 Tagen ernten
- Grünsprossen (Samen mit Schale): 4–6 Stunden einweichen, nach 8–12 Tagen schneiden
- roh für Salate, im Müsli, als Brotauflage

Sonnenblumensprossen ergeben dicke, knackige Sprossen, die einen aromatischen, nussigen Geschmack haben. Keimsprossen sind perfekt als Müslibeigabe. Sie sind reich an Eiweiß (knapp 30 %), Mineralstoffen und Vitaminen, vor allem B, D und E. Verwenden Sie nur schwarze Kerne, da diese größere Keimblätter und ein intensiveres Nussaroma haben als weiße oder gestreifte. Sonnenblumensprossen wirken in den Bronchien schleimlösend und stärken Nerven, Muskeln und Knochen.

WEIZENGRAS

AUF EINEN BLICK

- für Keim- und Grünsprossen (Gras)
- Keimsprossen (Samen ohne Schale): 6–12 Stunden einweichen, 2× pro Tag spülen, nach 2–3 Tagen ernten
- Weizengras (Samen mit Schale): 6–12 Stunden einweichen, nach 10–12 Tagen schneiden
- im Müsli, Gras zum Kauen oder als Saft

Weizensprossen schmecken cremig-süß und passen wunderbar in herzhafte Müslis oder können zum Backen verwendet werden. Weizengras schmeckt grasig-süß und eignet sich zum Entsaften oder für Smoothies. Keimsprossen enthalten zirka 15 % Eiweiß, das Gras sogar bis 25 %. Auch der Gehalt an Vitaminen und verfügbaren Mineralstoffen ist höher als beim trockenen Getreide. Weizensprossen stärken das Immunsystem, sind entzündungshemmend und fördern eine gesunde Verdauung.

WINTERPOSTELEIN

AUF EINEN BLICK

- als Microgreens und Babygemüse
- die kleinen Samen nicht einweichen, sondern direkt säen
- hell und kühl stellen, bei Temperaturen über 12 °C keimen die Samen nicht
- nach 4–6 Wochen erntereif
- roh für Salate, gekocht wie Spinat, fein gehackt in Kräuterbutter

Winterpostelein ist ein typisches Wintergemüse, das auch als Winterportulak, Tellerkraut oder Kubaspinat bezeichnet wird. Die angenehm sukkulenten Blätter erinnern im Geschmack etwas an Feldsalat und sind eine ideale Salatbereicherung im Winter. Sie enthalten viel Vitamin C, Kalzium, Eisen und Magnesium. Im Gegensatz zu anderen Salaten ist der Nitratgehalt relativ niedrig. Postelein ist perfekt für die Aussaat im Balkonkasten ab September/Oktober. In der Wohnung ist es für die Anzucht zu warm.

REZEPTE

IMMER GESCHMACKVOLL

SPROSSENSALAT »VON ALLEM ETWAS«

ZUTATEN FÜR 2 PERSONEN

Für den Salat

- 1 Handvoll bunte Schnittsalate
- 1 Handvoll Sonnenblumensprossen
- je ½ Handvoll rote und grüne Rettichsprossen
- ½ Handvoll Kresse
- Kirschtomaten

Für das Dressing

- 1 EL Balsamico-Essig oder frisch gepresster Zitronensaft
- 3 EL mildes Olivenöl
- nach Belieben Salatkräuter wie Petersilie, Schnittlauch und/oder Kerbel
- Salz & Pfeffer zum Abschmecken

1. Waschen Sie die Schnittsalate in kaltem Wasser. Anschließend mit einer Salatschleuder trocken schleudern.
2. Sonnenblumen- und Rettichsprossen in kaltem Wasser schwenken, abschütteln und auf Küchenkrepp trocknen lassen. Dann in etwa 2 cm lange Stücke schneiden.
3. Die Kresse aus der Schale ernten und bei Bedarf in mundgerechte Stücke schneiden.
4. Tomaten waschen und vierteln.
5. Für das Dressing Essig oder Zitronensaft, Olivenöl, Kräuter, Salz und Pfeffer in ein Glas oder eine kleine Schüssel geben und mit einem Pürier- oder Mixstab zu einer sämigen Salatsoße anrühren. Bei Bedarf etwas Wasser dazugeben, wenn die Soße zu dickflüssig ist.
6. Die Soße in die Servierschüssel geben, dann die Schnittsalatmischung dazuschütten und alles vorsichtig mit den Händen vermengen. Mischen Sie den Salat erst kurz vor dem Servieren an, da vor allem der Schnittsalat schnell zusammenfällt und weich wird.
7. Die Sonnenblumen-, Rettich- und Kressesprossen sowie die geviertelten Tomaten darüberstreuen und servieren.

TIPP

Geröstete Sonnenblumenkerne geben dem Salat eine zusätzliche, nussige Note. Dazu eine Handvoll geschälte Sonnenblumenkerne trocken in einer beschichteten Pfanne bei niedriger Hitze leicht anbräunen. Nicht zu stark erhitzen, sonst bekommen sie eine bittere Note.

HÜHNCHEN-WRAP
MIT PIKANTEN SPROSSEN

ZUTATEN FÜR 2 PERSONEN

- 1 kleine Schalotte
- 1 kleine Knoblauchzehe
- 1 Bio-Hähnchen-Oberkeule (entbeint, ohne Haut) oder 1 Bio-Hähnchenbrust
- Olivenöl
- 2 EL Tomatenmark
- Thymian
- Oregano
- Salz & Pfeffer
- 2 fertige Tortilla-Wraps
- ½ Handvoll Rettichsprossen
- ½ Handvoll Kresse- oder Senfsprossen

1. Schneiden Sie die geschälte Schalotte und die geschälte Knoblauchzehe jeweils in feine Würfel.
2. Das Hähnchenfleisch in kleine Stücke (zirka 1 cm große Würfel) schneiden.
3. Olivenöl in einer Pfanne erhitzen und das Fleisch dazugeben. Bei mittlerer Hitze durchgaren und beiseitestellen.
4. Anschließend das Tomatenmark in die Pfanne geben, anbraten und die gehackten Schalotten sowie den Knoblauch rösten, bis sie weich sind. Mit Thymian und Oregano würzen und mit Salz und Pfeffer abschmecken.
5. Die Wraps ausrollen und mit der Tomaten-Schalotten-Knoblauch-Masse bestreichen.
6. Gewaschene und fein gehackte Sprossen darüberstreuen. Ein paar für die Dekoration übrig lassen.
7. Die Fleischstückchen auf den Wraps verteilen und die Wraps fest zusammenrollen.
8. Zum Schluss die Wraps mit einem kleinen Sprossensträußchen garnieren und servieren.

TIPP

Dieses Gericht können Sie auf unendliche Art und Weise variieren. Statt mit Hähnchen schmeckt es auch mit Krabben, Rindfleischstreifen oder jedem anderen Fleisch. Für eine vegetarische Variante gegrillte Paprika, Kräuterseitlinge, Austernpilze oder Shiitake-Pilze verwenden.

DER AUTOR

Folko Kullmann hat in Weihenstephan Gartenbauwissenschaften mit Schwerpunkt Pflanzenbau studiert und 2002 an der Technischen Universität München promoviert. Nach Stationen in Europas größter Baumschule und im Botanischen Garten Kew, London, sowie einem Volontariat bei einem Stuttgarter Ratgeberverlag lebt er seit 2004 seine grüne Passion nicht nur im eigenen Garten und auf dem Stadtbalkon im Stuttgarter Westen aus, sondern auch als Buchautor und Gartenjournalist, Lektor und Übersetzer von Gartenbüchern. 2008 gründete er mit seinem Partner ein auf Gartenbücher und -magazine spezialisiertes Redaktionsbüro in Stuttgart.

BEZUGSQUELLEN

Saatgut für die Sprossenanzucht bekommen Sie in jedem gut sortierten Naturkostladen, im Bio-Markt oder im Reformhaus. Folgende Anbieter haben eine große Auswahl an Gemüsen, Kräutern und Getreide für die Sprossenanzucht.

beetfreunde
Erwin-Baur-Str. 23
06484 Quedlinburg
www.shop.beetfreunde.de

Keimsprossen und Saaten
Osterallee 5
06485 Quedlinburg OT Gernrode
www.keimsprossenundsaaten.de

Samenshop24
Kirchdorfer Str. 177
26605 Aurich
www.samenshop24.de

Bioland Hof Jeebel
Jeebel 17
29410 Salzwedel OT Jeebel
www.biogartenversand.de

Bingenheimer Saatgut AG
Kronstr. 24
61209 Echzell
www.bingenheimersaatgut.de

Samenhaus Müller
Mörikestr. 1/3
75210 Keltern
www.samenhaus.de

Pflanzenfee | niceshops GmbH
Lugitschstr. 4
A-8330 Feldbach
www.pflanzenfee.de

IMPRESSUM

Bibliografische Information der Deutschen Bibliothek.
Die Deutsche Bibliothek verzeichnet diese Publikation in der deutschen Nationalbibliografie.
Detaillierte bibliografische Daten sind im Internet über http://www.d-nb.de/
abrufbar.

EIN BUCH DER EDITION MICHAEL FISCHER

1. Auflage 2017

Cover und Layout: Michaela Zander
Satz: Kristijan Matic/Kullmann & Partner GbR
Produktmanagement und Redaktion: Annika Christof
Lektorat: Schreibergarten Judith Starck, München
Fotos: Kristijan Matic Fotografie, Stuttgart,
außer S. 26 o, 27 u, 31 u: Shutterstock, S. 28 u: Fotolia, ExQuisine

ISBN 978-3-86355-668-6

Printed in Slovakia

www.emf-verlag.de